写给小学生看的相对论3

黑 洞 谜 团

〔日〕福江纯◎著　　〔日〕北原莱里子◎绘　　李秀芬◎译

（第2版）

北京科学技术出版社

BOKU DATTE AINSHUTAIN
Vol.1 Tsuki to ringo no hosoku
By Jun Fukue, illustrated by Nariko Kitahara
Text copyright © 1994 by Jun Fukue
Illustration copyright © 1994 by Nariko Iwanaga
First published 1994 by Iwanami Shoten, Publishers, Tokyo
This simplified Chinese edition published 2022
by Beijing Science and Technology Publishing Co., Ltd., Beijing
by arrangement with the proprietors c/o Iwanami Shoten, Publishers, Tokyo

著作权合同登记号　图字：01-2011-6553

图书在版编目（CIP）数据

写给小学生看的相对论．3，黑洞谜团／（日）福江纯著；（日）北原菜里子绘；李秀芬译．— 2
版．— 北京：北京科学技术出版社，2022.6（2024.9重印）

ISBN 978-7-5714-1957-8

Ⅰ．①写… Ⅱ．①福… ②北… ③李… Ⅲ．①相对论-少儿读物 Ⅳ．①O412.1-49

中国版本图书馆CIP数据核字（2022）第002153号

策划编辑：桂媛媛	电　话：0086-10-66135495（总编室）
责任编辑：张　芳	0086-10-66113227（发行部）
封面设计：缪白雪	印　刷：三河市华骏印务包装有限公司
责任印制：李　茗	开　本：889 mm×1194 mm　1/20
出 版 人：曾庆宇	字　数：35千字
出版发行：北京科学技术出版社	印　张：3.4
社　　址：北京西直门南大街16号	版　次：2012年5月第1版
邮政编码：100035	2022年6月第2版
网　　址：www.bkydw.cn	印　次：2024年9月第2次印刷
ISBN 978-7-5714-1957-8	

定　价：148.00元（全4册）

学习爱因斯坦

成为爱因斯坦

超越爱因斯坦

激发好奇兴趣

探索自然规律

揭示宇宙奥秘

为科学做贡献

为文明添光彩

为人类造幸福

中国科学院院士 吴岳良

2012.3.12

目 录

黑洞是什么?

京都的秋天,自然离不开美丽的红叶。说到红叶,当然是岚山的红叶最负盛名了。但是,一到秋天,岚山一带就被观赏红叶的人挤得满满的。哪里还能观赏到红叶啊?分明就是在看人!

岚山脚下有一座渡月桥,以前人们观赏河面映月时就会走上这座桥。桥下是缓缓流淌的桂川,桂川在京都的南面与鸭川合流汇入淀川,最后流入大阪湾。

小智和星子虽然生在京都长在京都,但是还从没去过岚山。在这个世界上,像这样出人意料的事还不少呢。

好不容易盼到了星期天，可是从早上一起床，倾盆大雨便下个不停。爸爸闲着没事，刚才一直在看书，此刻他忽然站起身，打开电视津津有味地看了起来。

"哎——这个以前看过吧？"

"是啊，爸爸觉得挺有趣的。"

星子和小智也凑到爸爸身边一起看。这部动画片剧情简单，讲述的是宇航员用黑洞炸弹打败潜藏在银河中的宇宙怪兽的故事，但是音乐节奏很棒，因此即使已经看了好几遍仍然会觉得很有趣。但是，让两个孩子觉得最有意思的是，每次看到结尾的时候爸爸肯定会流下眼泪。或许这才是最让人感动的一幕吧。

　　"黑洞好厉害啊！它把周围的东西全都吸进去了，连宇宙怪兽也逃不掉！"

　　"事实果真如此吗？真的是所有的东西都被吸进去了吗？以前我看过一本书，上面说即使太阳突然变成了黑洞，地球的运动也不会发生任何变化。"

　　"咦？不是说黑洞是一个什么东西都能吸进去的黑暗的大洞吗？"

　　"话虽如此……关于黑洞的问题，我真想详细地问一问老师。"

　　这一天秋高气爽，令人心情舒畅。小智和星子与响子老师一起去翼教授的大学玩。小智暑假去过这所大学，但是星子已经有5个月没去了。一想到在大学里又能见到那位有趣的叔叔，星子的心里不禁十分激动。

　　在去大学的路上，响子老师给他们讲解了黑洞和广义相对论的基本思考方式。响子老师在读研究生期间学习过关于黑洞的知识，所以对黑洞十分了解。

从狭义相对论到广义相对论

"首先我们来复习一下，你们还记得爱因斯坦的狭义相对论是怎么回事吗？"

"嗯，讲的是如果以接近光速的速度运动会发生什么事，快速运动的人的时间看起来过得比较慢，还有速度的加法等问题。"

"还讲了浦岛效应。唉，我们得留在地球上生活，真的是很讨厌啊！"

"咦，怎么回事？"

"啊，没……没什么事。"

浦岛效应

如果以接近光速的速度在宇宙中旅行的话，时间就会过得很慢，人就不会那么快变老了。

👩 "是吗？那好吧。狭义相对论的两大理论支柱，你们还记得是什么吗？"

👦 "一个是'光速不变原理'，就是说真空中的光速对任何观察者来说都是一样的。"

👧 "另一个是……哎呀，是什么来着？"

👩 "是'狭义相对性原理'，即无论是在以接近光速的速度匀速行驶的列车里，还是在静止不动的列车里，物体的运动状态都是一样的。"

👧 "啊，就是这个。"

👩 "虽然爱因斯坦以这两个原理为基础提出了狭义相对论，但是，正如我以前说过的，狭义相对论不适用于加速或者减速的物体。并且，狭义相对论也不适用于与重力相关的问题。也就是说，它的适用范围是很有限的，所以才被称为'狭义'相对论。"

👧 "这么说，'广义'相对论……"

👦 "我知道了！广义相对论在出现加速度或者有重力存在的情况下都适用。"

👩 "对，可以这么说。爱因斯坦1905年提出狭义相对论后，又经过10年的认真思索，最终提出了广义相对论。"

重量是什么？

👧 "广义相对论中有一个非常重要的原理，在讲这个原理之前，我们先了解一下关于重量的问题吧。你们坐电梯时，在电梯开始上升的那一瞬间，有没有感觉身体好像突然变重了似的，猛地一沉？"

👧&👦 "有啊。"

👧 "除了电梯，汽车和电车突然加速时，以及航天飞机发射时，重力都会发生作用。也就是说，一加速，就会产生身体瞬间变重的感觉。"

👧&👦 "确实是这样。"

👧 "接下来，你们再想想这样一个问题。假设你正在电梯

一加速，就会感觉到重量

中，看不到外面的景色。如果电梯在地球上，当电梯静止不动时，因为有重力，你当然能感觉到自己的重量。但是，如果电梯装在宇宙飞船中，当宇宙飞船加速时，你也能感觉到重量，对吗？"

 "嗯，和刚才说的航天飞机是一样的道理吧？"

 "是的。那么这个时候，电梯中的人能够分辨自己感受到的重量是这两种情况中的哪一种吗？"

& "啊？"

在地球上静止不动时，感受到的是由于重力而产生的重量。

在宇宙空间加速运动时，感受到的是由于加速度而产生的重量。

那么，人们能够区分这两种重量吗？

"也就是说，人们是否知道自己感觉到的是由于重力而产生的重量，还是由于加速度而产生的重量？其实，在这两种情况下，身体的感觉是一样的。"

"好像……确实是这样的。"

"当然是这样的喽！由于加速度而产生的重量和由于重力而产生的重量是无法区分的，是一样的！这就是爱因斯坦经过思考得出的结论。"

"哦，这样啊——"

"但是，出现加速度时，为什么会有变重的感觉呢？"

"虽然解释起来有点儿复杂，但这是一个很好的问题。我们前面讲过'惯性定律'吧？"

▣由于加速度而产生的重量▣

　　静止不动的物体和匀速运动的物体都有保持原来的运动状态不变的性质（这就是惯性），给这样的物体施加外力使其加速运动时，它们就会进行抵抗。此时的"抵抗"（不输给外力继续保持原来的状态）会作为"重量"被人感觉到。而由于重力而产生的重量，即使在物体静止的时候也能感觉到。所以，这两种重量原本是完全不同的。

以前，人们把由于重力而产生的重量和由于加速度而产生的重量当做不同的重量来考虑。但是，爱因斯坦改变了人们的思考方式。

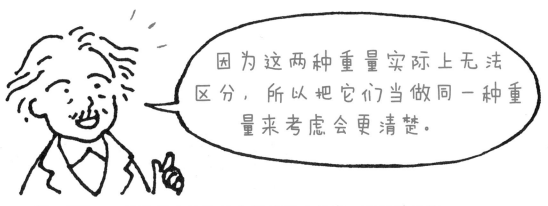

因为这两种重量实际上无法区分，所以把它们当做同一种重量来考虑会更清楚。

"嗯——是说静止的物体会保持静止状态，而运动的物体会以同样的速度继续保持运动吧？"

"是的，物体总想保持原来的状态。如果出现加速度，改变了原有的速度，就等于强制性地改变物体原来的状态。为了阻止这种强制性的变化，物体自然会进行抵抗。这种抵抗表现出来，就是出现加速度时人们感觉到的'重量'。"

"哦，是因为这样才感觉到重量的啊！"

"所以，由于加速度而产生的重量和由于重力而产生的重量原本是完全不同的重量，但是爱因斯坦在广义相对论中提出把它们归为一种来考虑，这大大地改变了人们的思考方式。"

& "噢——"

爱因斯坦的广义相对论

"广义相对论也有两个重要的基本原理。一个是'广义相对性原理',即自然的法则在任何情况下都成立。我们刚刚说过,只有在速度不改变的情况下,相对性原理才成立。

爱因斯坦的

无论是对做匀速运动的人,还是对做加速运动和减速运动的人,自然的法则都适用。

广义相对性原理

而广义相对性原理对加速运动和减速运动也同样适用，它是狭义相对性原理进一步发展的产物。

"另一个基本原理认为，由于加速度而产生的重量和由于重力而产生的重量是无法区分的，这就是'等效原理'。我们刚才讲的乘坐电梯的问题就是一个很好的例子。"

"以这两个原理为基础进行思考的广义相对论，可以用来处理加速运动和减速运动以及由重力引起的运动。可以说这是一个重力理论，是对牛顿的万有引力定律的进一步发展。

　　"按照狭义相对论思考问题会发现很多奇怪的事情，按照广义相对论思考问题也会发现一些不可思议的事情吗？"

　　"当然啦！比如说，会发现一个物体周围的空间变弯曲了、时间变慢了等很多怪事。但是，最神奇的事情还是黑洞的存在。连光都无法逃出黑洞，这一点连老师也觉得不可思议。"

　　"对，还有这个问题。我想知道更多关于黑洞的事情：黑洞究竟是什么东西呢？它真的什么都可以吸进去吗？"

黑洞是空间的裂缝

👧 "好了好了，先别着急。我想待会儿见到翼教授，他会给我们详细讲解的。现在我先简单回答一下黑洞是什么这个问题吧。嗯——怎么说呢？这样，先让你们对弯曲的空间有个大概印象吧。书上经常举这个例子，比如塑料膜，不行，还是说蹦床更好吧……"

响子老师一边想一边喃喃自语。

👧 "好啦，听好了哟，你们先在脑海中想象出一张可以站几百人甚至几千人的超大蹦床。我们周围的空间实际上可以从长、宽、高三个方面来度量，但是这样想象起来难度有点儿大，所以我们先忽略高度，只考虑长和宽这两个方面。也就是说，请你们想象只有长和宽的蹦床的表面就是空间。"

 & "好啦！"

  "现在想一想，如果蹦床上只站1个人的话，那么蹦床只会凹陷一点点，对吧？但是，如果站100个人呢？与站1个人时相比，凹陷的程度要大得多。也就是说，物体的质量比较小时，其周围的空间不怎么弯曲；但是物体的质量很大时，其周围的空间就会深深地凹陷下去，也就是会弯曲变形。"

 & "哦——"

■ 质量大的物体周围的

蹦床上只站1个人的话，
只会凹陷一点点……

如果站100个人，蹦床
就会凹陷得很深。

空间的情形与蹦床相似，质量大的物体周围
的空间会弯曲变形。

16

"接下来再想想，同样是这100个人，如果他们分散站在蹦床上，蹦床或许不会凹陷得很深，是吧？但是如果他们集中站在蹦床的中央，那么蹦床就会一下子深陷下去，对吧？也就是说，即使质量很大，如果分散在很大的范围内，周围的空间也不会弯曲得很厉害，但是如果集中在很小的范围内，周围的空间就会严重弯曲。"

"啊——"

空间会弯曲变形

同样是这100个人，如果都集中在蹦床的中央，那么蹦床就会凹陷得更深……

如果再挤一挤，站得更加集中的话，蹦床最终将破裂。

就像这样，如果质量过于集中，周围的空间最终会破裂，从而形成黑洞。

"如果蹦床上的人过于集中在中央，蹦床最终会破裂。也就是说，如果质量过于集中在空间的一小部分区域，就会使空间破裂，从而形成黑洞。"

"空间哗啦一下就裂开了吗？我们常说的幽暗的黑洞，真的就是一个裂开的洞吗？"

"呵呵，那是比喻的说法，形容空间像纸一样被撕开，或者突然裂开了一个洞，或者将来会消失等，实际上并不是那样……只是为了描述得更形象，我们才把黑洞说成空间中裂开的深不可测的漆黑洞穴。"

黑洞有多大？

"既然黑洞是洞，那么它就是圆形的喽？"

"对，是的。不过不是像圆形硬币那样的薄片，而是球形的。也就是说，一般的黑洞呈现出球一样的形状。球和硬币一样也有半径，对吧？但是黑洞的半径很特别，它有个专门的名称，叫'史瓦西半径'。"

"史瓦西……半径？"

 史瓦西半径

硬币

就像圆圆的硬币有半径一样，球也有半径。球的半径是指从球的中心到球的表面的长度。

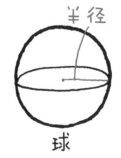
球

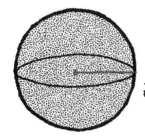

黑洞一般为球形，黑洞的半径被称为史瓦西半径。

19

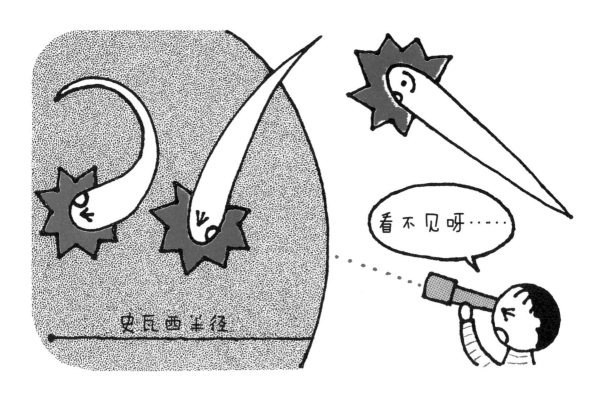（此处为上方人物头像图标）"是的，就是史瓦西半径。爱因斯坦提出广义相对论之后不久，在1916年，一位名叫史瓦西的科学家首次发现了这个特殊的半径。"

"特殊？为什么特殊呢？"

"一旦进入这个半径的范围，任何东西都无法再回到外面的世界，即使是宇宙中跑得最快的光也不例外。因为光无法逃出来，没有光线，所以我们就不能直接看到黑洞了。"

"这么说来，黑洞果然是漆黑幽暗的洞穴呀？"

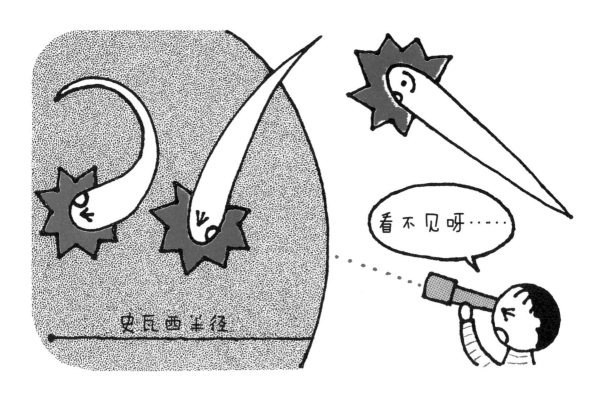

史瓦西半径

看不见呀……

"虽然可以说史瓦西半径组成了黑洞的表面，但是这个表面可没有'墙'和'膜'之类的东西。"

"真的吗？也没有什么记号或者标志吗？"

"没有，什么都没有。嗯——举个例子来说，假设一条河的中间有道瀑布。我们把河流中的水想象成黑洞外的普通空间，把瀑布想象成黑洞的史瓦西半径。河流中的一个人被冲向瀑布，就好像这个人要掉进黑洞了。能理解吗？"

"能理解。"

"现在，如果我们从上游观察那个被冲走的人，会发现他最终掉进瀑布看不到了，是吧？也就是说他掉进了黑洞，而他开始坠落的地方就是黑洞的表面。但是，就被冲走的那个人而言，他能看到什么呢？他环顾四周，看到的只有水，掉进瀑布时周围还是水，而且他并不知道自己会在什么地方掉进瀑布，他所知道的只是自己转眼间就掉进瀑布逃不出来的事实。"

在上游的观察者看来，从某个地方开始就看不到被冲走的人了。

瀑布的起始处

这里就相当于黑洞的表面。

就被河水冲走的人而言，他并不清楚自己会在哪里掉进瀑布，转眼间灾难便无可挽回地降临了。

"那所谓的史瓦西半径或黑洞的大小到底是多少呢？"

"黑洞的质量不同，大小也就不同。如果黑洞的质量变大，那么史瓦西半径就会变大。例如，如果是一个和太阳质量相同的黑洞……"

响子老师拿出计算器开始计算。

"嗯……2.95千米，差不多是3千米。也就是说，如果太阳一直缩小，一旦半径变得小于3千米，它就会变成黑洞。"

"什么，太阳变成黑洞？"

"是的。但是不用担心，实际上，太阳的半径远远大于3千米，所以它是不会成为黑洞的！就一般的黑洞而言，它的质量大约是太阳的10倍，所以史瓦西半径大约是30千米。"

太阳和黑洞的质量

太阳的质量是 2×10^{30} 千克（就像上一本书中说过的那样，2×10^{30} 是2的后面加30个0）。33万个地球的质量加起来才相当于1个太阳的质量，也就是说，在半径为30千米的一般黑洞中，可以塞下330万个地球。

（🐱）"啊？那黑洞不是什么都能吸进去吗？好可怕啊！"

（🐱）"哈哈，是不是很想弄清这个问题呢？其实并不像人们想象的那样可怕。虽然任何物体进入黑洞后都无法逃离，但是黑洞并不是宇宙中的吸尘器，连离自己很遥远的东西也能吸进去。比如说，太阳即使变成了黑洞，也只不过是一个小小的黑洞，它不会改变地球的运行轨道，更不会把地球也吸进去。"

（🐱）"啊——果然跟小智说的一样！"

接下来，大家又聊起了动画片。

发生大事了！

终于到了大学。

在天文学研究室轻松愉快的气氛中，大家一边喝茶，一边听翼教授风趣地讲解广义相对论。按照广义相对论思考问题的话，在重力很大的地方会发生很多不可思议的事情，如时间变慢、行星的轨道发生改变、光线变弯曲等。小智和星子还观看了电脑制作的模拟动画。画面非常美，立体声的音效也很棒，就像在玩游戏似的。两个孩子向翼教授请教了好多关于黑洞的问题，不知不觉就到该回家的时间了。

"再见！"

星子开心地大声说。

"再见！"

不知为什么，小智的声音听上去有些严肃。

"下个月再见。加油！"

翼教授冲小智竖起大拇指，做了一个表扬的动作。

"那我们把电子文件拿走了。再见！"

响子老师和平常一样，看起来很快乐。

其实，刚才发生了一件意想不到的大事！

"星子——怎么办呢？"

"啊，总会有办法的。没事的，没事的。你说，会不会
有奖励呢？"

"真拿你没办法……"

这段对话似乎需要跟大家解释一下。

　　首先要说的是，大学里有很多老师，他们从事着各种各样的教学和研究工作。比如说翼教授，他有时候教学生天文学知识，有时候带领学生观察星星，有时候还请学生们喝茶。此外，翼教授也很喜欢研究发生在黑洞周围的奇怪事件，听说他还会写"论文"（类似于暑假的自由研究报告），以及在"学会"（大致相当于学者们的汇报会）上做报告呢！

　　有的老师经常外出爬山以调查地形；有的老师凿下、敲碎小块岩石进行观察，有时还把石块放在火上烧，以分析其内部成分；有的老师甚至还在房间里制造雪花。

　　有的老师喜欢在一堆试管中间埋头实验，有的老师则喜欢盯着电脑画面专心研究。

老师们并不是只研究大自然中发生的事情。有的老师研究人类语言、历史事件和社会结构，有的老师研究人体结构和大脑活动，有的老师致力于研究人类与自然的相处之道。

　　另外，还有老师专门研究有关儿童的问题。例如，小学二年级的学生数数能数到多少？像粒子这种用肉眼看不到的东西怎样讲才能让孩子听懂呢？如何给孩子说清楚跨越遥远时空的宇宙历史及地球生物发展史呢？……

　　刚才，星子和小智正在听翼教授讲解广义相对论和黑洞的问题时，一位研究有关儿童的问题的老师恰好有事来到天文学研究室。他看到翼教授正在给两个小学生讲解爱因斯坦的广义相对论，白板上还画了很多复杂的数字和根号，不禁大吃一惊。这位老师邀请星子和小智将他们学到的知识讲给大学生听，于是才会出现上面那段让人糊里糊涂的对话。

　　"好啊！你们愿意试试吗，星子？"

"嗯，没问题。"

星子很干脆地答应了。虽然她和翼教授只是第二次见面，但是说起话来口吻就像是很熟悉的老朋友似的，真有点儿……

"什么？"

小智有些惊慌。这也太意外了！

"哎呀哎呀，怎么会没问题呢？"

下个月有一天是节日，小学正好停课，所以才约定星子和小智在这一天来为大学生们"讲课"。小智愁得坐立不安，星子却显得非常轻松。不管怎样，既然已经答应了，两人决定先把翼教授整理好的电子文件带回去，在"讲课"之前好好准备一下。

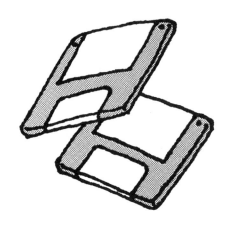

空间是弯曲的

"讲课"的日子终于到来了。

这一天，小智和星子"讲课"的大教室——大学里称为演讲厅——里坐了很多人，有来自各个系的大哥哥大姐姐，还有几个老师模样的人，他们都是专门来听小学生讲相对论的。电脑等相关设备已摆放在黑板前面，一切准备就绪。

 "开始上课吧。我们已经在公告板上通知大家了，今天是两位小学生为我们讲课。这可不是一堂普通的课，而是一堂关于相对论的课。你们两个是小学五年级的学生吧？"

 "是的！"

 "……这是小学五年级的学生小智和星子，他们俩都有着强烈的好奇心，从今年春天开始就一直在学习爱因斯坦的相对论。今天，他们要将自己学到的知识，特别是关于广义相对论的知识——当然，是他们自己理解范围内的知识——讲给大家听听。我想，这堂课或许对大家做研究或者将来做老师有一定的参考作用吧。接下来，小智、星子，开始吧。"

& "大家好！我们在翼教授和响子老师的指导下学习了相对论的知识。在此，我们给大家讲一下这段时间学到的关于广义相对论的知识。"

首先，小智讲解了广义相对论的思考方式，他举出电梯的例子，解释了什么是广义相对性原理和等效原理。接着，由星子讲解有关史瓦西半径的问题。开场看起来很顺利。

 "接下来，该讲讲相对论框架中不可思议的世界了。小智，你来讲吧！"

"首先说一下弯曲的空间是怎么回事。我们上了小学五年级后，很快就学习了'三角形的三个内角的度数之和是180°'这一知识。我们用量角器对好多三角形的三个内角进行了测量。当然，我们测量得并不是很精准，测出的结果有时比180°大一点儿，有时比180°小一点儿，但基本上都是180°。可是，这一知识仅仅适用于平面三角形。在弯曲的面上，三角形的内角和就不是180°了。"

小智在黑板上画了一个很大的地球仪。

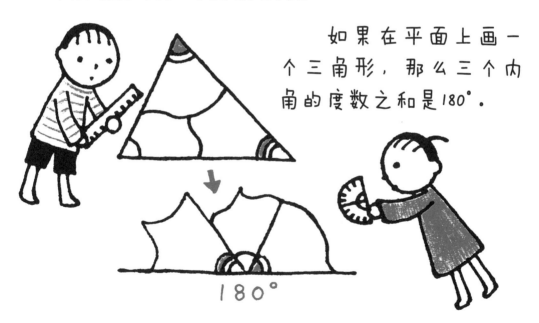

如果在平面上画一个三角形，那么三个内角的度数之和是180°。

180°

"现在，我们把三角形放在地球仪上来考虑。在地球仪上画三角形的话，结果是这样的：内角和大于180°！"

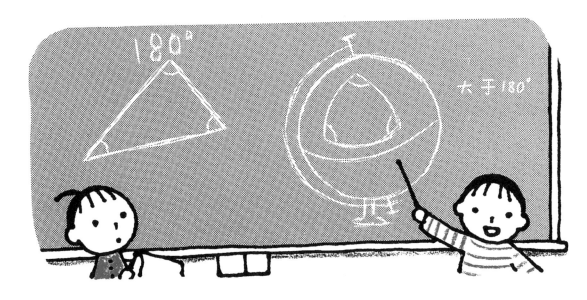

☺ "呃……对不起，我想问个问题。在像地球仪这样的球体上，三角形是怎样定义的呢？"

这是个合情合理的问题。

☺ "啊？这个……"

☺ "在球体上，决定三个顶点是比较容易的，问题是如何确定三条边。如果是在平面上，用直线将顶点连接起来就可以了。但是如果把平面换成弯曲的面，也就是在曲面上，是无法画出直线的。因此，在像地球仪这样的曲面上，我们通常用两点之间的最短线段来代替直线，将它定为曲面上的'直线'。这样一来，曲面上的三角形就是由连接三个顶点的最短线段构成的。好了，请继续讲课。"

◼ 曲面上的"直线" ◻

在平面上，可以用尺子在两个点之间画出一条连接两点的笔直的线，这就是平面上的"直线"。

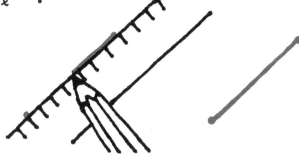

两点之间，直线最短。

在曲面上，无法用尺子画出直线。因此在曲面上，我们把连接两个点的最短的线定为"直线"。

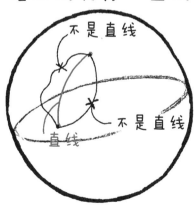

用一条线连接曲面上的两个点时，这条线最短的连接方式，就相当于曲面上的"直线"。

"好的。如果在地球仪这样的曲面上画三角形，那么内角和就会超过180°。接下来，我们就从广义相对论的思考角度来想象一下物体周围的空间。以星星为例，在质量这么大的物体周围的空间里画三角形时，内角和也不等于180°，而是大于180°。也就是说，质量很大的物体周围的空间像地球仪的表面一样也是弯曲的！"

大学生们似乎没有听懂。

"虽然可以肯定这类空间是弯曲的，但是它与球体的表面并不完全一样。那么，它们究竟是怎样弯曲的呢？由星子给大家说明一下。"

"好的，我来说。"

星子开始讲解的时候，小智在旁边打开了电子文件。

"这是翼教授制作的电子文件，上面演示的是像黑洞这样质量很大的物质周围的空间的景象。空间分为长、宽、高三个方向，如果同时考虑三个方向的话很难表示，所以我们在此只考虑长度和宽度。请把这张图想象成一张大蹦床。"

小智开始展示图片。

"如果没有任何物质存在的话，空间就像这样，是非常平整的。但是，如果存在物质的话……小智，快点儿！"

小智手忙脚乱地切换图片。

"如果有质量很大的物质存在的话，其周围的空间就会像这样弯曲。因此，如果在这样的地方画三角形的话，那么三角形的内角和就会超过180°。"

"请问，图中间画成蓝色的部分是什么？"

"啊，忘记说了！这就是黑洞。"

"如果按照广义相对论的逻辑，空间或许是弯曲的。但是，有证据证明这一点吗？"

这个大学生哥哥，一点儿也不体谅人家小学生呀。

"嗯，这个问题我来解释一下。大家知道'雷达回波'实验吧？因为太阳的质量是非常大的，根据广义相对论，太阳周围的空间应该也是弯曲的。显然，空间弯曲的时候与不弯曲的时候相比，空间中两点之间的最短距离会发生变化。喏，就像这样。"

翼教授刷刷地在黑板上画着图。

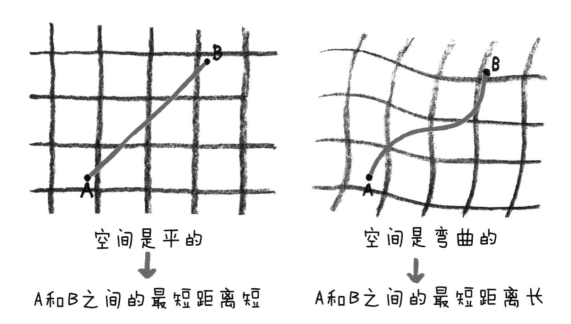

空间是平的
↓
A和B之间的最短距离短

空间是弯曲的
↓
A和B之间的最短距离长

■雷达回波实验■

如果空间是平的，

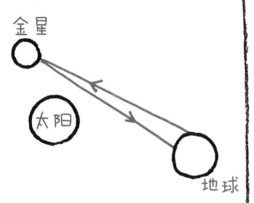

从地球发射出的雷达电磁波将笔直到达金星，并笔直反射回来。

但是，因为空间实际上是弯曲的，

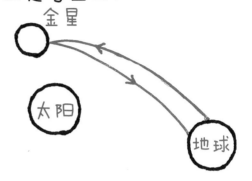

所以，从地球发射出的雷达电磁波比笔直到达金星时走的距离长，反射回来也花了更多的时间。

"雷达回波实验的设想是，从地球上分别对水星和金星发射雷达电磁波，电磁波到达水星和金星后会被反射回地球，它从发出到返回所用的时间是可以测量出来的。另外，因为电磁波是以光速前进的，所以它笔直前进所用的时间是可以计算出来的。在实际进行的实验中，测量出来的时间比计算出来的时间长。也就是说，由于太阳周围的空间是弯曲的，雷达的电磁波没有走直线，而是绕弯路了。根据雷达获得的精密数据，我们能证明广义相对论的推断是正确的。"

大家都有属于自己的时钟

😊 "根据广义相对论，时间的流逝是会发生变化的。接下来，我们就说一说这个问题。在日常生活中，我们都用钟表来计时。将钟表的时间统一调好后，大家的时间就都是一样的了，即使过几天对钟表时发现时间快了或者慢了，也肯定认为是钟表出问题了。也就是说，大家都认为，所有人的时间的流逝速度都是一样的。

"但是，以相对论的观点来看，时间和空间不再是'绝对的'了，即使人们的时间变得快慢不同也不必大惊小怪。可以说，每个人都有属于自己的时间，我们称之为'固有时间'。同时，一个人运动速度的快慢，或者所在地重力的大小，都会影响其固有时间，使其时间的流逝方式与其他人不同。比如说，在重力很大的黑洞周围，时间的流逝方式是这样的……"

在小智解说的时候，星子已经在黑板上写下了这样一个公式。

$$自己的时间 = 无重力地方的时间 \times \sqrt{\frac{距离中心的长度比 - 1}{距离中心的长度比}}$$

😊 "这里的'距离中心的长度比'指的是到黑洞中心的距离与刚才星子讲过的史瓦西半径的比值，用史瓦西半径的倍数来表示。例如，一个质量为太阳质量10倍的黑洞，它的史瓦西半径就是30千米。因此，如果有人位于距离黑洞中心90千米的位置，那么此时的'距离中心的长度比'就是'90÷30=3'。"

星子在黑板上写了一个具体的例子。

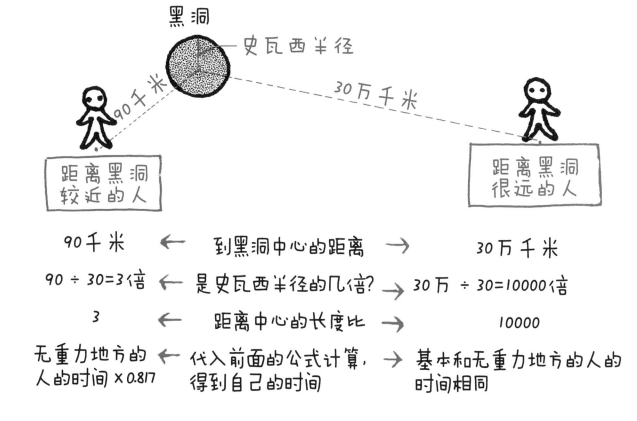

90千米	← 到黑洞中心的距离 →	30万千米
90÷30=3倍	← 是史瓦西半径的几倍? →	30万÷30=10000倍
3	← 距离中心的长度比 →	10000
无重力地方的人的时间×0.817	← 代入前面的公式计算，得到自己的时间 →	基本和无重力地方的人的时间相同

☺ "如果有人距离黑洞非常遥远，比如大约位于史瓦西半径的10000倍远的地方，那么公式中根号里面就是9999除以10000，约等于1，而1的平方根等于1，所以此人的时间与无重力地方的人的时间基本相同。但是，如果位于史瓦西半径的3倍远的地方，根号里面就变成了2除以3，约等于0.6667，而0.6667的平方根约等于0.817，因此此人的时钟就走得慢多了。接下来，由星子给大家用动画演示一下。"

☺ "好的，我来接着讲。请大家看一看黑洞周围的时钟的运转情况。最左边的圆形代表黑洞，最右边的圆形代表距离黑洞最远的时钟，我们还要在它们之间的不同位置放置几个时钟。嗯——放在哪里来着？"

☺ "7、5、1.1的位置。"

☺ "对，对，把它们分别放在距离相当于史瓦西半径的7倍、5倍和1.1倍的位置上。"

☺ "好了。"

☺ "现在让时钟同时运转起来，请观察指针的移动情况。"

在星子演示的动画中，史瓦西半径7倍远的地方的时钟和距离黑洞最远的时钟，指针几乎是以同样的速度在移动；史瓦西半径5倍远的地方的时钟，指针移动得稍慢一些；而史瓦西半径1.1倍远的地方的时钟，指针移动得相当缓慢。

距离黑洞越近，时钟走得越慢

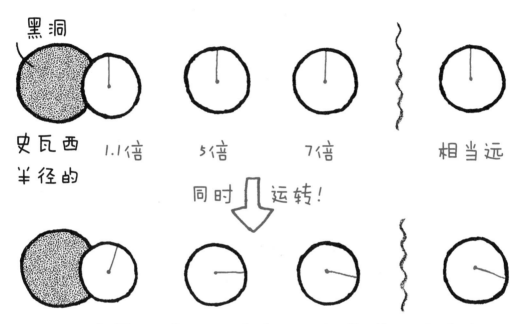

黑洞

史瓦西半径的　1.1倍　5倍　7倍　相当远

同时运转！

距离黑洞越近的时钟，也就是说所受重力越大的时钟，运转的速度越慢。

"就像这样，在黑洞的周围发生了不可思议的怪事。"

"好的，我再补充一点。所谓在黑洞的周围时钟会变慢，是指我们比较距离黑洞近的人的时钟和距离黑洞远的人的时钟，发现时间变慢了。我想，实际上当地的人还是按照自己的时间生活的。"

"再说说时间变慢的证据，这是可以用实验证实的。就像星子刚才演示给大家看的那样，距离黑洞越近，时钟走得就越慢。不过，地球本身就是有重力的，虽然远没有黑洞的重力大，但是与无重力的地方相比，时间也会变慢。"

"咦，地球上的时间也会变慢？原来不只是黑洞周围的时间会变慢啊！"

"是的，不过这种变化极其细微。大概是在40年前，人们才通过一种非常精密的原子钟第一次证实了这一变化。

高空
（重力小）

地面
（重力大）

原子钟是一种非常精密的时钟，运转一天的偏差不到$1/10^9$秒。通过原子钟，我们第一次发现地球重力会导致时间变慢。

"当时，人们将一个原子钟放在飞机上带到高空，也就是飞到重力比地面小一些的地方，然后与放在地面上的时钟进行比较。结果发现，地面上的原子钟确实比重力较小的高空中的原子钟走得慢，而且变慢的程度与根据广义相对论计算出来的结果相同。后来，人们又做了很多次同样的实验，每次都能证明广义相对论的正确性。"

光线也是弯曲的

☺ "接下来讲讲'光线也是弯曲的'这个问题。我们刚开始举了电梯的例子，请大家回想一下，在地球上静止不动的电梯里和在宇宙空间中做加速运动的电梯里，人都会感觉到重量。但是，电梯中的人能够分清自己是在哪里，感受到的是哪一种重量吗？无法分清。这就是坐电梯的例子。"

星子在小智身后的黑板上不停地画着图。

☺ "光线也是这个道理。假设一部电梯正在宇宙空间做加速运动，这时从电梯的左侧射入一束光线。在宇宙空间中静止不

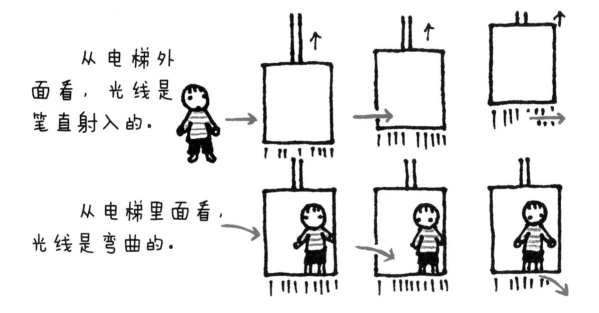

从电梯外面看，光线是笔直射入的。

从电梯里面看，光线是弯曲的。

46

动的人看来，光线是笔直射入电梯的。但是，电梯里面的人看见的光线是怎样的呢？因为电梯正在做加速运动，所以光线应该向下偏，也就是说看起来是弯曲的。之所以会这样，是因为在地面上静止不动的电梯中看到的光线也是弯曲的。"

大家都愣住了。

宇宙空间中做加速运动的电梯

地面上静止不动的电梯

按照广义相对论来思考的话，无论在哪种情况下，物体的运动状态都是一样的。

而且，就像由于加速度而产生的重量和由于重力而产生的重量无法区分一样，由加速度引起的光线弯曲，也会由重力引起。也就是说，即使是在地面上静止不动的电梯中，光线看起来也是弯曲的。

😊 "至于原因嘛，就像刚才说过的那样，根据广义相对论，无论是做加速运动的人，还是受到重力作用的人，产生的运动都是一样的。也就是说，如果有重力的话，笔直前进的光线就会弯曲。

"也可以这样理解，因为重力的存在会使空间弯曲，所以经过这个空间的光线也会弯曲。刚才翼教授告诉我们，在弯曲的空间中，直线实际上是指两点之间长度最短的路线。虽然光具有笔直前进的性质，但是因为在弯曲的空间中'直线'本身也会弯曲，所以光线也就弯曲了。下面由星子给大

家演示一下模拟光线弯曲的动画。"

"请大家看画面。中间那个蓝色的大实心圆代表黑洞，这个小空心圆代表手电筒。现在，手电筒开始向各个方向发射光线。"

在动画中，代表手电筒的小空心圆模拟出发射光线的样子。伴随着"噼噼"的声音，"手电筒"开始朝各个方向不断发射光线。在座的大学生都发出了"哇——"的惊叹声。

"就像这样，离黑洞越近，光线弯曲得越厉害，有的光线甚至被黑洞吸进去了。"

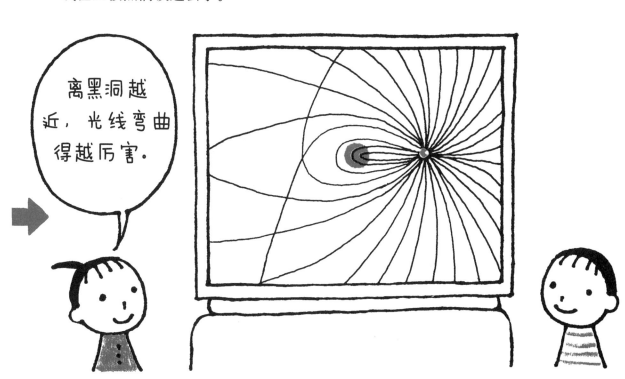

"我顺便说一说有重力的情况下光线会弯曲这个问题的证据吧。虽然不如黑洞周围那么明显，但是太阳周围的光线也是有点儿弯曲的。例如，如果来自遥远星星的光变弯了的话，那么星星的位置看上去就会有些变化。当然，因为平时太阳非常明亮，所以我们看不到太阳附近的星星，但是如果在月亮挡住了太阳的时候，即在发生日食的时候观察太阳附近的星星，就看得比较清楚了。"

"我还没听翼教授讲过这个呢。"

"啊，不好意思喽。爱因斯坦发表相对论以后，1919年

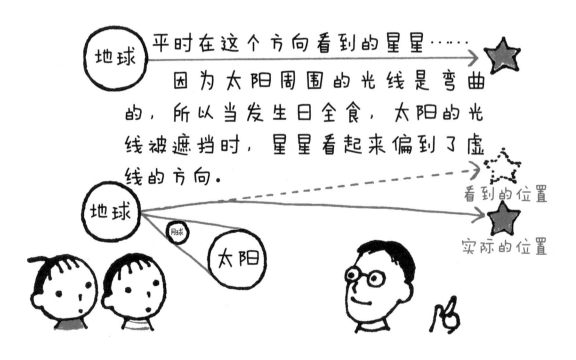

发生了日全食，当时人们发现星星的位置偏离了实际位置一点点。

"最近，人们捕捉到了来自宇宙中极遥远的类星体的电波，通过比较观测到的位置和详细测量过的位置，验证了爱因斯坦完成广义相对论时所作的预言。"

"相对论真是博大精深啊！"

"是啊！另外，在1919年日全食的观测中，科学家证实了光线的确如相对论所言是弯曲的，这在全世界引起了轰动。一夜之间，爱因斯坦便成为全世界最有名的人。几年之后，爱因斯坦还获得了诺贝尔物理学奖，当时他恰好在来日本访问的路上，这件事在日本又引起了很大的轰动……哈哈，给大家说了点儿题外话。"

时空和物质是统一的整体

"最后，我想说一下自己的学习感想。"

小智渐渐自信起来。

"如果按照相对论来思考问题，就会发现世界上有很多不可思议的事情。虽然我还不太明白到底为什么会发生那些事情，但是我明白了一点，那就是必须改变之前的常识，或者说必须改变对时间和空间的看法。"

大家纷纷点头表示同意。

"以前，我觉得相对论很深奥，有一种梦幻般的感觉，没想到它是一个这么严谨而且可以用实验证实的理论。另外，我还知道了一件事，那就是黑洞并没有那么可怕。"

大家哄堂大笑，随后教室里响起了热烈的掌声。

"好啦，谢谢小智和星子。现在我简单地总结一下：相对论的研究对象可以概括为两个，一个是具有质量的物质，另一个是承载物质的时间和空间。在相对论提出之前，人们认为物质和承载物质的时间、空间是毫不相关的。

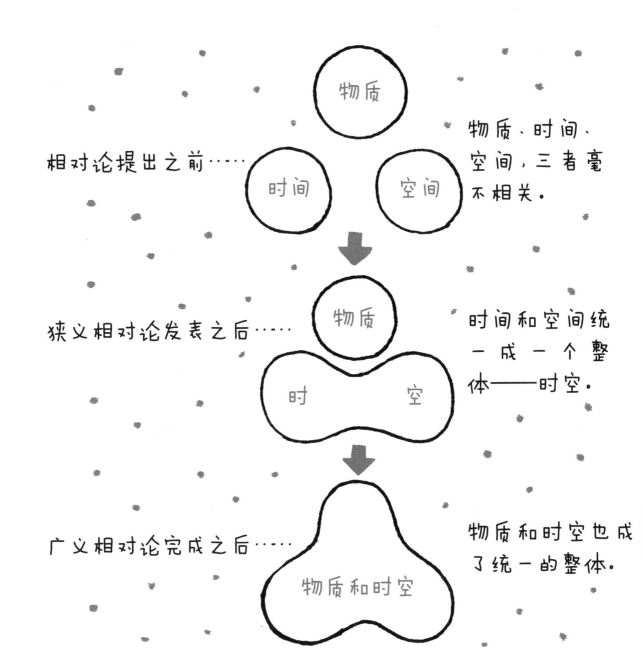

相对论提出之前……

物质

时间　　　空间

物质、时间、空间，三者毫不相关。

狭义相对论发表之后……

物质

时　　　空

时间和空间统一成一个整体——时空。

广义相对论完成之后……

物质和时空

物质和时空也成了统一的整体。

"但是，狭义相对论提出以后，人们首次认识到时间和空间不是各自独立的，可以将其作为一个统一的时空来考虑。之后，随着广义相对论的提出，物质和时空也成了统一的整体。也就是说，物质的存在决定了时空的弯曲方式，反过来，时空的弯曲方式也决定了物质的运动。正因为这种想法与我们平时思考问题的方式完全不同，所以比起复杂的数学和烦琐的计算，我们在理解相对论时更需要打破常识的魄力。

　　"小智、星子，今天辛苦你们了。请大家再次给他们掌声表示感谢！"

　　掌声热烈，久久不停。

爱因斯坦喜欢学习吗?

坐在回家的车上，小智他们的话题仍然是爱因斯坦。

"老师之前说过，爱因斯坦一开始并没有考上大学，但他还是坚持努力学习吧？"

"是啊，我认为他真的很喜欢学习！但是，他并不是除了学习就不喜欢别的了，他不是一个只会死读书的人。"

"那么，除了学习他还做什么呢？他有什么爱好吗？"

"据说他很喜欢音乐，尤其喜欢拉小提琴，即使是上了年纪以后，也一直在拉小提琴。"

   "啊——"

"当然，用爱因斯坦这么特别的人举例子可能不太合适，但是我的确认为，好好学习和好好玩都很重要。"

"说到爱好，那……翼教授的爱好是什么呢？"

"哎呀，喝茶是不是他的爱好呢？"

"嗯，他喜欢喝茶，但是更喜欢漫画和动画片。你们还记得天文学研究室墙上的宣传画吧？有的时候他好像也制作塑料模型。"

"哇，翼教授的爱好和我爸爸一样。"

"还有，他还喜欢喝酒和唱卡拉OK。"

 "唱歌虽然没有拉小提琴那么酷，但是也还行吧。"

 "'没有拉小提琴那么酷'，这样说可不太礼貌呀。"

 "嗯。对了，响子老师好像很了解翼教授的爱好啊。"

 "啊——嗯……"

不知为什么，响子老师的脸变红了。

 "对啦，说到爱因斯坦，他虽然很伟大，但是从不摆架子，是个很平易近人的人。"

这和星子的问题有关系吗？好像跑题了吧？

这时，小智感到有些困，浑身没劲儿。他靠在座位上，一边有一句没一句地听星子和响子老师说话，一边想着翼教授的话。

……重量是什么呢？如果在地面上生活，自然就能感觉到重量。重量的存在是理所当然的，这是常识。但是，宇宙中最自然的状态，就是在宇宙空间飘浮时那种没有重量的状态，也就是无重力状态。因此，如果做加速运动，就会改变原有的自然状态，于是就会产生自然的抵抗，这就是产生加速度时感觉到的重量。

即使是在地球上，从高处一头栽下去时也会失重，这就是所谓的自由落体。假设没有重量就是自然的状态，那么在地球上，真正的自然状态或许就是自由落体状态。因此，在地面上站立时，由于是站立在应该为自由落体状态的地方，还是会产生自然的抵抗。这就是受到重力时所感受到的重量吧？

话说回来，你知道小智和星子"讲课"得到的奖励是什么吗？

小智得到了梦寐以求的超级家庭电脑软件和机器人模型，星子得到了动画片光盘和很可爱的布玩偶，就像同时过生日和圣诞节似的。还有，听说翼教授正在制作的电脑游戏软件中会有小智和星子出现。会是什么样子呢？好期待啊！